„pi" in Music

Formulas and Tables

A link between
temperament/tuning,
metronome,
and pitch A4

by
Michael Dominik Troehler

Copyright © 2018, by M.D. Tröhler,
Switzerland

All Rights Reserved

Michael
Dominik
Tröhler

Switzerland

Impressum:

Herstellung und Verlag:
©, 2018
BoD – Books on Demand, Norderstedt

ISBN: 9783741292422

Basics:

$$s = \frac{\sqrt{5}+1}{2} \qquad s = \frac{2}{\sqrt{5}-1}$$

$$\frac{1}{s} = \frac{\sqrt{5}-1}{2} \qquad \frac{1}{s} = \frac{2}{\sqrt{5}+1}$$

$$\frac{1}{s} + 1 = s \qquad s - 1 = \frac{1}{s}$$

$$Cent = \frac{1200}{\log(2)} * \log(factor)$$

$$(factor) = 10^{\left(\frac{Cent}{\frac{1200}{\log(2)}}\right)}$$

....

Two examples:

$(factor) = 2 =$ one pure octave $= 1200\ Cent$

$(factor) = 3/2 =$ one pure fifth $\approx 701.9550009\ Cent$

Pitch A4:

$$pitch\, A4 = \frac{12^7}{24*60*60}\ Hz$$

$$pitch\, A4 = 414.72\ Hz$$

Metronome:

$$1/4 \text{ note} = \left(\frac{414.72}{12 * \pi^2}\right) * n \text{ bpm}$$

$$1/4 \text{ note} \approx 3.5 * n \text{ bpm}$$

$$1/8 \text{ note} \approx 7 * n \text{ bpm}$$

(Better use exact values).

("bpm" means: beats per minute)

Main Element of Temperament/Tuning:

$$\frac{\log(\pi)}{\log(s)} = t$$

$$\frac{t * \frac{s}{\pi}}{7} = u$$

$$\left(s = \frac{\sqrt{5}+1}{2}\right)$$

one step $= u$ $Cent \approx 0.175$ $Cent$

(Better use exact values).

Octavating Stops:

Use:

*(+/− (n * 1202.10 Cent))   octaves*

Instead of:

*(+/− (n * 1200 Cent))   octaves*

(Better use exact values).

Audio-Sample:

*There's an Audio-CD
by*

Michael Dominik Troehler

Title:

The first four sonatas out of
**Johann Heinrich Schmelzer's
"Duodena Selectarum Sonatarum"**
(organ version).

The "Equal Temperament Tuning with pure Octave":

etc

$B3 = -1000\ Cent$

$C4 = -900\ Cent$

$\qquad C\#4 = -800\ Cent$

$D4 = -700\ Cent$

$\qquad D\#4 = -600\ Cent$

$E4 = -500\ Cent$

$F4 = -400\ Cent$

$\qquad F\#4 = -300\ Cent$

$G4 = -200\ Cent$

$\qquad G\#4 = -100\ Cent$

$A4 = \pm 0\ Cent$

$\qquad A\#4 = +100\ Cent$

$B4 = +200\ Cent$

$C5 = +300\ Cent$

$\qquad C\#5 = +400\ Cent$

etc

<u>General Recommendation</u>

Make sure that there's always enough bass, and enough volume.

(This book "creates" music for stomach muscles).

Temperament/Tuning "pi":

Deviations from the "Equal Temperament Tuning with pure Octave" in Cent:

$C0 \approx -8.93$

$C\#0 \approx -7.70$

$D0 \approx -8.58$

$D\#0 \approx -7.35$

$E0 \approx -8.23$

$F0 \approx -7.00$

$F\#0 \approx -7.88$

$G0 \approx -8.75$

$G\#0 \approx -7.53$

$A0 \approx -8.40$

$A\#0 \approx -7.18$

$B0 \approx -8.05$

Temperament/Tuning "pi":

Deviations from the "Equal Temperament Tuning with pure Octave" in Cent:

$C1 \approx -6.83$

$C\#1 \approx -5.60$

$D1 \approx -6.48$

$D\#1 \approx -5.25$

$E1 \approx -6.13$

$F1 \approx -4.90$

$F\#1 \approx -5.78$

$G1 \approx -6.65$

$G\#1 \approx -5.43$

$A1 \approx -6.30$

$A\#1 \approx -5.08$

$B1 \approx -5.95$

Temperament/Tuning "pi":

Deviations from the "Equal Temperament Tuning with pure Octave" in Cent:

$C2 \approx -4.73$

$C\#2 \approx -3.50$

$D2 \approx -4.38$

$D\#2 \approx -3.15$

$E2 \approx -4.03$

$F2 \approx -2.80$

$F\#2 \approx -3.68$

$G2 \approx -4.55$

$G\#2 \approx -3.33$

$A2 \approx -4.20$

$A\#2 \approx -2.98$

$B2 \approx -3.85$

Temperament/Tuning "pi":

Deviations from the "Equal Temperament Tuning with pure Octave" in Cent:

$C3 \approx -2.63$

$C\#3 \approx -1.40$

$D3 \approx -2.28$

$D\#3 \approx -1.05$

$E3 \approx -1.93$

$F3 \approx -0.70$

$F\#3 \approx -1.58$

$G3 \approx -2.45$

$G\#3 \approx -1.23$

$A3 \approx -2.10$

$A\#3 \approx -0.88$

$B3 \approx -1.75$

Temperament/Tuning "pi":

Deviations from the "Equal Temperament Tuning with pure Octave" in Cent:

$C4 \approx -0.53$

$C\#4 \approx +0.70$

$D4 \approx -0.18$

$D\#4 \approx +1.05$

$E4 \approx +0.18$

$F4 \approx +1.40$

$F\#4 \approx +0.53$

$G4 \approx -0.35$

$G\#4 \approx +0.88$

$A4 = \pm 0.00$

$A\#4 \approx +1.23$

$B4 \approx +0.35$

Temperament/Tuning "pi":

Deviations from the "Equal Temperament Tuning with pure Octave" in Cent:

$C5 \approx \;+1.58$

$\qquad\qquad C\#5 \approx \;+2.80$

$D5 \approx \;+1.93$

$\qquad\qquad D\#5 \approx \;+3.15$

$E5 \approx \;+2.28$

$F5 \approx \;+3.50$

$\qquad\qquad F\#5 \approx \;+2.63$

$G5 \approx \;+1.75$

$\qquad\qquad G\#5 \approx \;+2.98$

$A5 \approx \;+2.10$

$\qquad\qquad A\#5 \approx \;+3.33$

$B5 \approx \;+2.45$

Temperament/Tuning "pi":

Deviations from the "Equal Temperament Tuning with pure Octave" in Cent:

C6 ≈ +3.68

C#6 ≈ +4.90

D6 ≈ +4.03

D#6 ≈ +5.25

E6 ≈ +4.38

F6 ≈ +5.60

F#6 ≈ +4.73

G6 ≈ +3.85

G#6 ≈ +5.08

A6 ≈ +4.20

A#6 ≈ +5.43

B6 ≈ +4.55

Temperament/Tuning "pi":

Deviations from the "Equal Temperament Tuning with pure Octave" in Cent:

$C7 \approx +5.78$

$C\#7 \approx +7.00$

$D7 \approx +6.13$

$D\#7 \approx +7.35$

$E7 \approx +6.48$

$F7 \approx +7.70$

$F\#7 \approx +6.83$

$G7 \approx +5.95$

$G\#7 \approx +7.18$

$A7 \approx +6.30$

$A\#7 \approx +7.53$

$B7 \approx +6.65$

$C8 \approx +7.88$

<u>Temperament/Tuning "pi":</u>

Frequencies in Hz (A4 = 440 Hz):

$C0 \approx$ 16. 2675 0443 4470 8

$\qquad C\#0 \approx$ 17. 2470 2197 1564 9

$D0 \approx$ 18. 2633 4882 0103 4

$\qquad D\#0 \approx$ 19. 3630 4241 6464 3

$E0 \approx$ 20. 5040 6142 3089 7

$F0 \approx$ 21. 7386 7536 3198 0

$\qquad F\#0 \approx$ 23. 0196 8488 8187 7

$G0 \approx$ 24. 3761 8132 1910 1

$\qquad G\#0 \approx$ 25. 8439 4776 3184 5

$A0 \approx$ 27. 3668 7143 2398 5

$\qquad A\#0 \approx$ 29. 0147 1671 8774 0

$B0 \approx$ 30. 7244 8642 0038 6

Temperament/Tuning "pi":

Frequencies in Hz (A4 = 440 Hz):

$C1 \approx$ 32. 5745 0425 0854 0

$\qquad C\#1 \approx$ 34. 5359 1746 6039 5

$D1 \approx$ 36. 5710 3867 2327 4

$\qquad D\#1 \approx$ 38. 7730 9577 7865 2

$E1 \approx$ 41. 0579 0403 6645 5

$F1 \approx$ 43. 5301 2939 8699 4

$\qquad F\#1 \approx$ 46. 0952 5857 2952 9

$G1 \approx$ 48. 8115 4483 7054 2

$\qquad G\#1 \approx$ 51. 7506 4126 5344 7

$A1 \approx$ 54. 8001 8606 4079 6

$\qquad A\#1 \approx$ 58. 0998 7739 0552 9

$B1 \approx$ 61. 5235 6789 1218 1

<u>Temperament/Tuning "pi"</u>:

Frequencies in Hz (A4 = 440 Hz):

$C2 \approx$ 65. 2280 9515 5175 9

$\qquad C\#2 \approx$ 69. 1556 8364 1357 9

$D2 \approx$ 73. 2308 6706 3146 4

$\qquad D\#2 \approx$ 77. 6403 2758 2054 6

$E2 \approx$ 82. 2154 9131 6469 7

$F2 \approx$ 87. 1659 4428 1747 4

$\qquad F\#2 \approx$ 92. 3024 3042 9779 5

$G2 \approx$ 97. 7415 9774 7233 0

$\qquad G\#2 \approx$ 103. 6269 2634 7122

$A2 \approx$ 109. 7334 1984 2158

$\qquad A\#2 \approx$ 116. 3408 1371 5858

$B2 \approx$ 123. 1965 0699 1786

Temperament/Tuning "pi":

Frequencies in Hz (A4 = 440 Hz):

$C3 \approx$ 130. 6145 5562 9381

$\qquad C\#3 \approx$ 138. 4792 6827 5018

$D3 \approx$ 146. 6395 2913 3147

$\qquad D\#3 \approx$ 155. 4691 5576 6768

$E3 \approx$ 164. 6305 9113 7227

$F3 \approx$ 174. 5435 1612 2782

$\qquad F\#3 \approx$ 184. 8289 5913 8182

$G3 \approx$ 195. 7204 9936 2881

$\qquad G\#3 \approx$ 207. 5054 4537 3931

$A3 \approx$ 219. 7332 5813 4833

$\qquad A\#3 \approx$ 232. 9640 8777 3941

$B3 \approx$ 246. 6921 1905 6112

Temperament/Tuning "pi":

Frequencies in Hz (A4 = 440 Hz):

$C4 \approx$ 261. 5462 2638 7187

        $C\#4 \approx$ 277. 2947 4617 6380

$D4 \approx$ 293. 6350 7994 3123

        $D\#4 \approx$ 311. 3157 7039 3766

$E4 \approx$ 329. 6608 8390 6479

$F4 \approx$ 349. 5108 0116 8288

        $F\#4 \approx$ 370. 1066 5891 5044

$G4 \approx$ 391. 9161 8260 5475

        $G\#4 \approx$ 415. 5146 8694 1494

$A4 =$ 440

        $A\#4 \approx$ 466. 4937 8200 9253

$B4 \approx$ 493. 9831 7444 5461

Temperament/Tuning "pi":

Frequencies in Hz (A4 = 440 Hz):

$C5 \approx$ 523. 7274 5294 5454

        $C\#5 \approx$ 555. 2627 2787 8632

$D5 \approx$ 587. 9830 6761 4163

        $D\#5 \approx$ 623. 3873 7492 8939

$E5 \approx$ 660. 1221 4150 0510

$F5 \approx$ 699. 8701 6903 7774

        $F\#5 \approx$ 741. 1118 8859 1269

$G5 \approx$ 784. 7838 8665 4944

        $G\#5 \approx$ 832. 0381 8942 1787

$A5 \approx$ 881. 0682 6268 9674

        $A\#5 \approx$ 934. 1201 5016 0064

$B5 \approx$ 989. 1656 7569 6802

Temperament/Tuning "pi":

Frequencies in Hz (A4 = 440 Hz):

C6 ≈ 1,048. 7264 4793 077

      C#6 ≈ 1,111. 8735 6133 717

D6 ≈ 1,177. 3936 8153 126

      D#6 ≈ 1,248. 2882 5320 754

E6 ≈ 1,321. 8469 7357 918

F6 ≈ 1,401. 4395 3168 736

      F#6 ≈ 1,484. 0231 0031 766

G6 ≈ 1,571. 4731 2636 800

      G#6 ≈ 1,666. 0964 5919 390

A6 ≈ 1,764. 2756 4436 136

      A#6 ≈ 1,870. 5082 2237 487

B6 ≈ 1,980. 7329 1681 463

Temperament/Tuning "pi":

Frequencies in Hz (A4 = 440 Hz):

$C7 \approx$ 2,099. 9990 6707 972

       $C\#7 \approx$ 2,226. 4466 0685 892

$D7 \approx$ 2,357. 6459 2156 488

       $D\#7 \approx$ 2,499. 6071 8770 340

$E7 \approx$ 2,646. 9032 1943 868

$F7 \approx$ 2,806. 2815 7601 913

       $F\#7 \approx$ 2,971. 6492 1542 779

$G7 \approx$ 3,146. 7615 8480 129

       $G\#7 \approx$ 3,336. 2379 8358 042

$A7 \approx$ 3,532. 8347 2018 903

       $A\#7 \approx$ 3,745. 5577 9507 860

$B7 \approx$ 3,966. 2747 9515 937

$C8 \approx$ 4,205. 0966 5836 789

Italian Vox Humana / Unda Maris

$z = 2 * (((\text{frequency } A5) / 2) - (2 * (\text{frequency } A3)))$

$z \approx +/-\ 2.0125\ 5147\ 2610\ 37\ \text{Hz}$

(Some sort of additional "Italian Vox Humana" and/or
"Unda Maris" is recommended at any application.)

Temperament/Tuning "pi":

Frequencies in Hz (A4 = **414.72** Hz):

C0 ≈ *15. 3328 6236 1508 5*

        C#0 ≈ *16. 2561 0216 3744 1*

D0 ≈ *17. 2140 3641 5166 6*

        D#0 ≈ *18. 2505 4761 5809 2*

E0 ≈ *19. 3260 0989 4054 0*

F0 ≈ *20. 4896 8965 1421 6*

        F#0 ≈ *21. 6970 9935 6430 0*

G0 ≈ *22. 9756 5890 4142 2*

        G#0 ≈ *24. 3590 9549 1699 7*

A0 ≈ *25. 7945 2027 3737 0*

        A#0 ≈ *27. 3476 8935 8204 4*

B0 ≈ *28. 9592 2501 8451 0*

Temperament/Tuning "pi":

Frequencies in Hz (A4 = **414.72** Hz):

C1 ≈ 30. 7029 5091 5714 0

    C#1 ≈ 32. 5516 7202 6172 5

D1 ≈ 34. 4698 6626 8608 2

    D#1 ≈ 36. 5454 0518 4082 4

E1 ≈ 38. 6989 4082 2903 7

F1 ≈ 41. 0291 2560 0519 6

    F#1 ≈ 43. 4468 7644 4034 2

G1 ≈ 46. 0070 9971 5507 1

    G#1 ≈ 48. 7773 3169 4463 1

A1 ≈ 51. 6516 6628 2943 4

    A#1 ≈ 54. 7617 7534 4113 8

B1 ≈ 57. 9887 5926 3286 3

Temperament/Tuning "pi":

Frequencies in Hz (A4 = **414.72** Hz):

C2 ≈ 61. 4804 4459 7169 4

    C#2 ≈ 65. 1823 7527 2145 3

D2 ≈ 69. 0234 2088 2791 1

    D#2 ≈ 73. 1795 3785 1885 7

E2 ≈ 77. 4918 3763 3559 8

F2 ≈ 82. 1578 6457 3923 4

    F#2 ≈ 86. 9992 3624 5086 7

G2 ≈ 92. 1258 9867 6664 7

    G#2 ≈ 97. 6730 8839 6996 8

A2 ≈ 103. 4287 3608 3954

    A#2 ≈ 109. 6565 0514 6001

B2 ≈ 116. 1183 0768 0985

Temperament/Tuning "pi":

Frequencies in Hz (A4 = **414.72** Hz):

C3 ≈ *123. 1101 5570 5947*

      C#3 ≈ *130. 5230 0486 1398*

D3 ≈ *138. 2144 2164 1134*

      D#3 ≈ *146. 5367 4608 9986*

E3 ≈ *155. 1718 1535 5524*

F3 ≈ *164. 5151 9774 1909*

      F#3 ≈ *174. 2096 9530 4061*

G3 ≈ *184. 4754 6703 5850*

      G#3 ≈ *195. 5833 1433 0629*

A3 ≈ *207. 1085 8366 7450*

      A#3 ≈ *219. 5792 4200 3656*

B3 ≈ *232. 5185 3548 8524*

<u>Temperament/Tuning "pi"</u>:

Frequencies in Hz (A4 = **414.72** Hz):

C4 ≈ 246. 5192 0683 4760

    C#4 ≈ 261. 3629 0257 7883

D4 ≈ 276. 7644 0989 5482

    D#4 ≈ 293. 4292 6431 2960

E4 ≈ 310. 7203 6766 7489

F4 ≈ 329. 4298 1695 5710

    F#4 ≈ 348. 8423 4905 7380

G4 ≈ 369. 3988 1647 7597

    G#4 ≈ 391. 6414 7947 3582

A4 = 414.72

    A#4 ≈ 439. 6915 9380 6539

B4 ≈ 465. 6015 9569 5504

Temperament/Tuning "pi":

Frequencies in Hz (A4 = **414.72** Hz):

C5 ≈ 493. 6369 3019 4406

      C#5 ≈ 523. 3603 6024 0514

D5 ≈ 554. 2007 6772 9422

      D#5 ≈ 587. 5709 3666 0294

E5 ≈ 622. 1915 2391 6117

F5 ≈ 659. 6594 4659 8512

      F#5 ≈ 698. 5316 4190 1297

G5 ≈ 739. 6944 8516 7133

      G#5 ≈ 784. 2338 1344 7735

A5 ≈ 830. 4468 8614 2413

      A#5 ≈ 880. 4507 0153 2686

B5 ≈ 932. 3336 1142 0404

Temperament/Tuning "pi":

Frequencies in Hz (A4 = **414.72** Hz):

C6 ≈ 988. 4723 4655 8750

    C#6 ≈ 1,047. 9913 7126 761

D6 ≈ 1,109. 7470 6273 783

    D#6 ≈ 1,176. 5684 1902 325

E6 ≈ 1,245. 9008 5655 172

F6 ≈ 1,320. 9204 6041 223

    F#6 ≈ 1,398. 7592 2764 486

G6 ≈ 1,481. 1848 5219 849

    G#6 ≈ 1,570. 3716 4444 748

A6 ≈ 1,662. 9099 8915 805

    A#6 ≈ 1,763. 0390 2268 934

B6 ≈ 1,866. 9308 0741 219

Temperament/Tuning "pi":

Frequencies in Hz (A4 = **414.72** Hz):

C7 ≈ 1,979. 3445 7522 569

    C#7 ≈ 2,098. 5271 2908 302

D7 ≈ 2,222. 1884 4679 861

    D#7 ≈ 2,355. 9933 9291 898

E7 ≈ 2,494. 8265 9810 365

F7 ≈ 2,645. 0479 4365 148

    F#7 ≈ 2,800. 9144 6050 503

G7 ≈ 2,965. 9658 2829 271

    G#7 ≈ 3,144. 5559 4670 562

A7 ≈ 3,329. 8573 0717 454

    A#7 ≈ 3,530. 3584 7448 863

B7 ≈ 3,738. 3942 7965 567

C8 ≈ 3,963. 4947 4126 893

$$y = \left(\left(\left(\text{Log}[x/\pi]/\text{Log}\left[\left(\left(5^{\wedge}(1/2)\right)+1\right)/2\right]\right)\right) *$$
$$\left(\left(\left(\left(5^{\wedge}(1/2)\right)+1\right)/2\right)/(\pi/x)\right)/7\right)*10$$

And $\left[(41\,472/100)/(24*((x)^{\wedge}2))\right]$

And $\left[\left(\left(\left(\text{Log}[\pi/x]/\text{Log}\left[\left(\left(5^{\wedge}(1/2)\right)+1\right)/2\right]\right)\right) *\right.$
$$\left.\left(\left(\left(\left(5^{\wedge}(1/2)\right)+1\right)/2\right)/(x/\pi)\right)/7\right)*10\right]$$

$$y = \frac{432\left(1+\sqrt{5}\right)^2 \text{Log}\left[\frac{\pi}{x}\right]\text{Log}\left[\frac{x}{\pi}\right]}{49\, x^2 \text{Log}\left[\frac{1}{2}\left(1+\sqrt{5}\right)\right]^2}$$

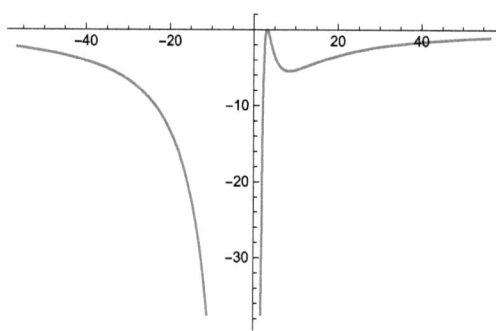

If $x = \pi$ — Then y is at it's peak

Author of software : Wolfram Research Inc
Title : Mathematica - Edition : Version 11.2
Publisher : Wolfram Research Inc
Place of publication : Champaign IL
Date of publication : 2017

$s = ((5^{(1/2)}) + 1)/2$
$t = (\text{Log}10[x])/(\text{Log}10[s])$
$u = ((s/x) \ast t)/7$
$m = (41472/100)/(240 \ast (x^2))$

$a1 = (7/4) - u$
$a2 = (7/4) - m$
$a3 = a1 + a2$
$a4 = a1/a2$
$a5 = a4 \ast 2$
$a6 = a3 \ast a5$
$a7 = a6 - (43/10)$
$a8 = a6/a7$
$a9 = 7 - a8$
$a10 = a9/(385/100)$
$a11 = (315/100)/a8$
$a12 = a10 + a11$
$a13 = 5 - a12$
$a14 = a12 \ast a13$

$z1 = a14 - a12$
$z2 = 8 - z1$

$b1 = (7/z1) - u$
$b2 = (7/z2) - m$
$b3 = b1 + b2$
$b4 = b1/b2$
$b5 = b4 \ast 2$
$b6 = b3 \ast b5$
$b7 = b6 - (43/10)$
$b8 = b6/b7$
$b9 = 7 - b8$
$b10 = b9/(385/100)$
$b11 = (315/100)/b8$
$b12 = b10 + b11$
$b13 = 5 - b12$
$b14 = b12 \ast b13$

$$z_3 = b_{14} - b_{12}$$
$$z_4 = 8 - z_3$$

$$c_1 = (7/z_2) - u$$
$$c_2 = (7/z_1) - m$$
$$c_3 = c_1 + c_2$$
$$c_4 = c_1 / c_2$$
$$c_5 = c_4 * 2$$
$$c_6 = c_3 * c_5$$
$$c_7 = c_6 - (43/10)$$
$$c_8 = c_6 / c_7$$
$$c_9 = 7 - c_8$$
$$c_{10} = c_9 / (385/100)$$
$$c_{11} = (315/100) / c_8$$
$$c_{12} = c_{10} + c_{11}$$
$$c_{13} = 5 - c_{12}$$
$$c_{14} = c_{12} * c_{13}$$

$$z_5 = c_{14} - c_{12}$$
$$z_6 = 8 - z_5$$

$$z_7 = 4 - z_1$$
$$z_8 = 4 - z_3$$
$$z_9 = 4 - z_5$$

$$z_{10} = ((1/4) - (1/z_2)) * 16$$
$$z_{11} = ((1/4) - (1/z_4)) * 16$$
$$z_{12} = ((1/4) - (1/z_6)) * 16$$

$$z_{13} = z_7 \wedge (z_8 \wedge z_9)$$
$$z_{14} = z_{12} \wedge (z_{11} \wedge z_{10})$$

$$z_{15} = (z_{14} \wedge (1/z_{13})) - (z_{13} \wedge (1/z_{14}))$$
$$z_{16} = (z_{13} \wedge (1/z_{13})) - (z_{14} \wedge (1/z_{14}))$$

$$y = (z_{15} - z_{16}) / z_{16}$$

If $x = \pi$. Then y= **approx** -1., which is not always the case.